梅森罐排毒水

（日）藤泽丝莉卡　著

邢俊杰　译

U0388081

辽宁科学技术出版社

沈阳

Prologue 序言

排毒水在NY、西海岸、夏威夷掀起了新的流行浪潮。

在排毒水还没有被如此关注之前，我们经常能看到，在酒店大厅等地方提供的免费水中，都会加入一些柠檬和薄荷，用来缓解客人们的疲劳。

从住在加州的朋友那儿听说，排毒水是"古人教给我们的生活的智慧"。

在美洲，经常将不太好吃的黄瓜和剩下的水果泡入水中，然后只喝掉水，以此来调整身体状态。这在年长者中是相当常见的事情。

最近这种饮食习惯也得到了升级，可以通过放入具有相应功效的水果来调节身体的不适。

由于排毒水对美肤和减肥有一定的效果，所以在好莱坞明星和模特之间流行起来。

将这与看起来就很可爱的梅森罐搭配起来，就拥有了自己专属的罐装排毒水，不论是去乡间还是前往海滩，都没有任何问题。

水对于人类来说是最最重要的东西。

在很久很久以前，我们出生在海里，然后爬上了陆地，然后我们可以自由地做任何事情，并且学会了自己制作食物。但是，只有水是大自然才能制作的，是大自然馈赠给我们的礼物。

将如此珍贵的水，用更有利于身体吸收的制作方式制成排毒水，可以说是用来拯救生活在高压力社会中的我们的神器!

目录

本书的使用方法
· 材料的用量是根据梅森罐的大小来确定的。请按照自己的喜好进行调整。
· 请使用矿泉水。
· 大匙 =15mL、小匙 =5mL
· 水果请带皮食用。如需削皮，会进行说明。
· 除非特意说明是干燥品和冷冻品，请使用新鲜的食材。

排毒水到底是什么？

所谓排毒水，就是在矿泉水或者在凉开水中加入水果和蔬菜或者香草，让食材中的水溶营养成分溶解在水中后饮用。可以促进体内的废物和毒素的排出，让身体变得轻松，保持良好的身体状态。另外，排毒水还具有燃烧脂肪、调整肠胃和美容养颜的效果，根据使用的食材不同，效果和功效也不一样。在需要补充水分的时候，带有香气和味道的水应该要比白水更容易喝下去吧。在西方，从很久以前就有用水果和香草泡水的习惯。不使用砂糖和调味品，只有自然的甜味和香气，这种"饮料"，从小孩子到老年人都可以放心地饮用！

排毒水的制作方法

就算是每天忙到没有时间的人，或者嫌麻烦的人，不管是谁都能简单地制作出排毒水。熟练掌握了基本的操作方法之后，就可以按照自己的喜好进行搭配了。好啦，现在可以带着排毒水出发啦！

1．准备一个梅森罐或者水壶、水瓶。放入开水中煮一下，进行消毒。

2．选择水果和蔬菜。可以按照身体需要进行选择，也可以选择现有的食材。

3．切成喜欢的形状放入梅森罐或者水壶中。

4．放入冰块，倒满水，然后放在冰箱中2小时以上，如此便完成了！

POINT

基本上水果都是要带皮食用的。如果担心果皮上有残留的农药和蜡的话，可以用蔬菜专用洗涤剂或者在水中加入小苏打浸泡30秒。之后好好冲净就可以了。

Part 1

排毒水的基础

在平时喝的水中加入几种喜欢的水果、蔬菜和香草后就成了排毒水。
这里会介绍主要食材的切法和食材的基本功效。

Orange
橙子

Cucumber
黄瓜

Herb
香草

Grapefruit
葡萄柚

Berry
浆果

Lemon
柠檬

Watermelon
西瓜

Pineapple
菠萝

Apple
苹果

Lime
青柠

Pomegranate
石榴

Kiwi
猕猴桃

Basic Detox Water

黄瓜

黄瓜是排毒水食材中经典的蔬菜。
长期饮用更可以让身体宛若新生。

含钾，有利尿的作用。由于可以促进体
内盐分的排出，所以对腹胀和高血压有
缓解的效果。

● 切法
纵向切薄片
切圆片

Cucumber

橙子

Orange

打造难胖体质，
给你光滑的皮肤。

含有维生素C、维生素B$_1$、维
生素B$_2$、β-胡萝卜素等美肤
成分。由于还含有丰富的果胶，
推荐给经常便秘的人。

● 切法
纵向切块
横向切圆片

柠檬

Lemon

缓解疲劳的效果超群！
运动后饮用也是没有问题的。

含有非常多的柠檬酸和维生素C，有预防感冒、缓解疲劳、美肤的功效。还有促进血液循环和提升免疫力的效果。

● 切法
纵向切块
横向切圆片

香草

Herb

有稳定神经的功效，
可以保持身心的健康。

有杀菌、提高注意力、放松舒缓等效果。更有让人感到舒适的香气，会有更深层次的味道。

● 切法
掐成小段
捣碎

葡萄柚

一点点的苦味可以抑制
食欲，更可以缓解压力。

可以辅助控制食欲和燃烧脂
肪，还含有大量的膳食纤维，
最适合用来减肥和缓解便秘。
清爽的香气还会让人有饱腹
感。

● 切法
纵向切块
横向切圆片

Grapefruit

Berry

浆果

预防衰老、
打造永远年轻的身体。

草莓、蓝莓、覆盆子都含有维生素、
花青素和膳食纤维，有抗氧化的
作用，所以最适合用来抗衰老。

● 切法
对半切开
捣碎

菠萝

消解夏天的精神不振和食欲不佳。让消化系统焕发活力。

含有很多可以分解蛋白质的酶，所以可以在吃了肉以后食用，有助于消化。对于夏天的精神不振和食欲不佳有很好的效果。

● 切法
去掉硬芯后切圆片
切块

Pineapple

青柠

Lime

含有柠檬酸和钾，排毒效果超群。

含有丰富的具有缓解疲劳和美肤作用的柠檬酸。由于含有钾，所以具有利尿的作用，同时可以防止腹胀，还具有抗衰老的作用。

● 切法
纵向切块
横向切圆片

13

苹果

可以调整腹部的状态，
可以让血液的流动变得流畅。

苹果的果皮中含有非常多的
果胶，可以增强肠动力，有
助于胆固醇的排出，对便秘
有很好的预防效果。长期食
用有一定的预防癌症的效果。

● 切法
纵向切块
横向切圆片
去肉留皮

Apple

石榴

能保持肌肤的水分，
让身体更有女人味。

石榴含有雌激素，雌激素是女
性荷尔蒙的一种，因此可以让
女性更有女人味，对缓解更年
期综合征和PMS（经前综合征）
有良好的效果。

● 切法
捣碎

Pomegranate

Kiwi

猕猴桃

调整肠内环境、
让皮肤更有弹性。

含有维生素C、膳食纤维、
叶酸等多种营养物质，却又
只有很低热量的水果。消除
便秘不在话下，美肤效果更
是超群。

● 切法
纵向切块
横向切圆片

Watermelon

西瓜

促进代谢产物和有害物质排
出体外，加快血液循环。

含有丰富的可以强力抗氧化的
番茄红素，并具有很好的美白
效果。从西瓜中发现的一种叫
作瓜氨酸的氨基酸有改善怕冷
体质，增强肌肉活力的作用。

● 切法
带皮切成三角块
切小块

漂亮的瓶瓶罐罐们

Drink Dispenser

带龙头密封罐

8L容量。拧开龙头就可以流出排毒水的自助款密封罐。推荐在派对或者BBQ等有很多人的聚会场合使用。可以放入很多食材，看起来也非常华丽!

Jar bottle large

大号梅森杯

1L容量，可以制作一天中应该饮用的水量的排毒水。可以放入较多的食材，大块的水果和蔬菜都可以。放在冷藏室里储存也非常方便。

Jar bottle wide mouth

广口梅森杯

500mL容量。杯口较大，可以取放大块的水果。可以稳定地立住，所以叠放起来也不用担心。圆圆的样子很可爱，也可以用于储存果酱等。

可以密封的瓶瓶罐罐虽然是为了保存食品而产生的，
但是由于其优越的性能和可爱的形状以及放入食材后的美感，
最近以梅森罐为首的瓶瓶罐罐们开始备受关注。
下面介绍在不同的场合可以使用的不同的瓶瓶罐罐们。

Jar bottle Standard

标准梅森杯

480mL 容量。在梅森罐中比较普遍的类型。大小非常适合用来制作罐沙拉和罐甜点。

Jar bottle Crystal

水晶梅森杯

200mL 容量。玻璃表面的切割工艺非常漂亮。放在其中的水果、冰块和水都会闪着耀眼的光芒。200mL 的容量正好可以一次饮用完毕。非常适合随身携带。

Jar bottle Mag

带把梅森杯

400mL 容量。是做成啤酒杯样子的梅森杯。由于带有把手，所以适合随身携带或外出游玩时使用。

Part 2

五颜六色的排毒水

根据食材的不同，排毒水有各种各样的效果和功能。根据不同的功效组合在一起可以使效果加倍。
不管是什么食材组合在一起都能制作出美味的排毒水。不管怎样都要做出美美的排毒水。就算是用
冰箱里剩下的食材，五颜六色的排毒水也是最漂亮的!

橙子、
猕猴桃、荔枝

橙子的酸味与甜味和猕猴
桃的味道非常搭。荔枝特
别的香气也非常迷人。

罗勒、草莓、柠檬

草莓和罗勒的柔和香气与放
松的时间最搭。

黄瓜、柠檬、薄荷

快手制作组合。
瞬间就被飘散在鼻间的清爽香气俘虏。

Cucumber,
Lemon & Mint

Basil,
Strawberry & Lemon

Orange, Kiwi & Lyc

<材料 480 mL的分量>
黄瓜 (纵向切薄片) ----1/2根
柠檬 (切圆片) ----1/2个
薄荷----5片
冰块----5块
水----400 mL

<材料 400 mL的分量>
罗勒----4片
草莓 (纵向对半切开) ----3个
柠檬 (切圆片) ----1/2个
冰块----5个
水----300 mL

<材料 800 mL的分量>
橙子 (切圆片) ----1/2
猕猴桃 (切圆片) ----1
荔枝----3个
冰块----5个
水----500 mL

Colorful Detox Water

综合浆果、罗勒、红彩椒

综合浆果中的颜色和水溶成分溶解在水中，
外观超美，味道超棒！
可以提升女性力量的红色！

<材料 500 mL的分量>
综合浆果（冻品）----4大匙
罗勒----5片
红彩椒（纵向切开）----1/4个
冰块----5块
水----400 mL

Mixberry, Basil & Paprika

Lemon, Kiwi & Raisin

夏橙、黄瓜、蜂蜜

有一点儿苦味的
夏橙，大胆地连
皮使用。
清爽的口感适合
在就餐时饮用。

Summer Orange, Cucumber & Honey

柠檬、猕猴桃、葡萄干

泡软的葡萄干可以在饮用时一起吃掉。
柠檬的酸味会比较明显，后味清爽。

<材料 480 mL的分量>
夏橙（纵向切块）----1/2个
黄瓜（纵向切薄片&横向切圆片）----1/2根
蜂蜜----1大匙
冰块----5个
水----350 mL

<材料 800 mL的分量>
柠檬（切圆片）----1/2个
猕猴桃（切圆片）----1个
荔枝----3个
冰块----5个
水----500 mL

葡萄柚、
草莓、百里香

葡萄柚的香气可以刺激负责
饱腹感的中枢神经!
餐前饮用可以防止饮食过量。

＜材料 480mL 的分量＞
葡萄柚(剥皮后纵向切块)
----1/2 个
草莓(纵向对半切开) ----3 个
百里香----3 根
冰块----5 块
水----350mL

Grapefruit,
Strawberry & Thyme

无花果、
石榴、薄荷

为女人味补充
能量的组合。
无花果在水中捣碎饮用
非常美味。

＜材料 480mL 的分量＞
无花果(纵向切成 4 等份)
----1/2 个
石榴(冻品) ----2 大匙
薄荷----6 片
冰块----5 个
水----350mL

Fig, Pomegranate & Mint

柠檬、蜂蜜、
迷迭香

可以在食用烧鸡、汉堡、
意大利面的时候
搭配饮用. 超级搭。
可以让嘴里的味道变得清爽。

＜材料 480mL 的分量＞
柠檬(切圆片) ----1/2 个
蜂蜜----1 大匙
迷迭香----1 根
冰块----5 个
水----350mL

Lemon,
Honey & Rosemary

Grapefruit, Umeboshi & Rocket

葡萄柚、腌梅干、芝麻菜

葡萄柚的味道和芝麻菜中的苦味
以及腌梅干的咸味是绝配!

＜材料 500mL 的分量＞
葡萄柚(切圆片) ----1/4 个
腌梅干----1 个
芝麻菜----2 根
冰块----5 块
水----350mL

石榴、葡萄柚、青柠、莳萝

用有着淡淡的酸甜味道的石榴作为主要食材，
就制成了可以抗衰老的魔法之水。

<材料 400mL 的分量>
石榴(冻品)————3大匙
葡萄柚(切圆片)————1/4个
青柠(切圆片)————1/3个
莳萝————2根
冰块————5块
水————300mL

Pomegranate,
Grapefruit, Lime & Dill

苹果（皮）、薄荷、枫糖

在稍稍感觉有一点疲惫的时候，微微的甜味儿会让人心生愉悦。营养丰富的苹果皮和薄荷还有缓解疲劳的作用。

菠萝、葡萄、猕猴桃

维生素、食物纤维、花青素，有了这些在炎热的夏季也依旧神采奕奕。食材自然的甜味可以让精神一振。

黄瓜、蘘荷（阳藿）、紫苏

后味非常清爽的日式排毒水。在食用手握寿司和寿司卷的时候是非常搭配的饮品。

<材料 480mL 的分量>
黄瓜（纵向切薄片）————1/2 根
蘘荷（纵向对半切开）————2 个
紫苏————4 片
冰块————5 个
水————350mL

<材料 480mL 的分量>
菠萝（切圆片）————1/8 个
葡萄（纵向对半切开）————4 颗
猕猴桃（切圆片）————1/2 个
冰块————5 块
水————350mL

Apple peel, Mint & Maple syrup

Cucumber, Myouga & Shiso

Pineapple, Grape & Kiwi

<材料 480mL 的分量>
苹果（皮）————1 个
薄荷————6 片
枫糖————1 大匙
冰块————5 个
水————350mL

23

Orange, Mango, Lime
& Mint

橙子、杧果、
青柠、薄荷

在炎热夏日，可以将水换成苏打水！
要注意的是，苏打水要在饮用时加入。

<材料 800mL 的分量>

橙子（切圆片）----1/3个

青柠（切圆片）----1/3个

杧果（纵向切块）----1/2个

薄荷----4 片

冰块----8 个

水----200mL

苏打水（在饮用时加入）----400mL

橙子、红彩椒、
丁香、意大利欧芹

在平常的食材中加入香辛料，总能让人感觉多了一点儿特色。
午后的休闲时光，在欣赏日落时饮用，别有一番风情。

＜材料 480mL 的分量＞
橙子（切圆片）----1/2个
红彩椒（纵向切开）----1/4个
丁香----3个
意大利欧芹----3根
冰块----5块
水----350mL

Orange, Paprika, Clove
& Italian parsley

夏橙、青柠、生姜、
百香果

在食欲不振或者天气炎热打不起精神的时候，
可以食用一些稍稍有点儿苦味的水果。百香果
的香气还能带来南方岛屿的气息。

Summer Orange, Lime,
Ginger & Passion fruit

＜材料 400mL 的分量＞
夏橙（纵向切块）----1/4个
青柠（切圆片）----1/4个
生姜（薄片）----2片
百香果（对半切开）1/2个
冰块----5个
水----350mL

A
Apple peel,
Lemon & Vanilla Beans

B
Apple, Shiso & Prune

C
Apple, Celery & Rocket

B 苹果、紫苏、西梅

活用硬硬的西梅干!
苹果和紫苏可以调整腹部的状态。

<材料 1L的分量>
苹果(纵向切块)————1/2个
紫苏————3片
西梅(干品)————3个
冰块————5个
水————850mL

C 苹果、芹菜、芝麻菜

苹果不管和什么蔬菜水果都能很好地搭配在一起! 芹菜和芝麻菜的清爽香气和独特的苦味很有个性。

<材料 1L的分量>
苹果(切圆片)————1/2个
芹菜————1/3根
芝麻菜————5根
冰块————5个
水————850mL

A 苹果(皮)、柠檬、香草籽

好像是苹果派一样的甜美风味。
柠檬的酸味更能突出苹果的香味。

<材料 500mL的分量>
苹果(皮)————1个
柠檬(纵向切块)————1/2根
香草籽————1根
冰块————5个
水————350mL

综合浆果、
草莓、
柠檬、薄荷

自然的甜味给你不一样的感
觉！没有什么酸味的浆果们
突出了柠檬的味道。

青柠、白兰瓜、
角瓜、
迷迭香

在海滩上玩累了，
用清凉爽口的饮品
给要烧起来的身体
降降温吧！

<材料 200mL 的分量>
青柠（切圆片）————1/4个
白兰瓜（纵向切块）————1/8个
角瓜（切圆片）————1/6根
迷迭香————1根
冰块————3个
水————150mL

Lime, Melon, Zucchini
& Rosemary

Mixed berry, Strawbe,
Lemon, & Mint

<材料 200mL 的分量>
综合浆果（冻品）————2大匙
草莓（对半切开）————2个
柠檬（切圆片）————1/4个
薄荷————5片
冰块————3个
水————150mL

石榴、无花果、柠檬、迷迭香

看着很可爱，又很适合女孩子的组合。
饮用后会让体内更干净！

<材料 400mL 的分量>
石榴（冻品）————4 大匙
无花果（纵向切成 4 等份）————1 个
柠檬（切圆片）————1/4 个
迷迭香————1 根
冰块————5 个
水————300mL

Pomegranate, Fig, Lemon & Rosemary

橙子、车厘子、柠檬、薄荷

鲜艳的颜色带来愉悦的心情!
连小宝宝们也开始咕嘟咕嘟地喝起来了!

<材料 500mL 的分量>
橙子(纵向切块) ————1/4 个
车厘子(对半切开) ————5 个
柠檬(切圆片) ————1/4 个
薄荷————5 片
冰块————5 个
水————400mL

Orange, Cherry, Lemon & Mint

葡萄柚、
青柠、薄荷

在感到有些压力的时候，
推荐饮用这个组合。
还有助于减肥过程中的脂肪燃烧。

＜材料 450mL 的分量＞
葡萄柚(切圆片) ————1/2个
青柠(切圆片) ————1/4个
薄荷————5片
冰块————5个
水————400mL

Grapefruit, Lime
& Mint

石榴、猕猴桃、百里香

石榴和猕猴桃有美肤的作用。
用粗一点的吸管可以连水果一起吃掉呢!

<材料 500mL 的分量>
石榴(冻品) ————3 大匙
猕猴桃(切圆片) ————1 个
百里香————4 根
冰块————5 个
水 ————450mL

橙子(皮)、
柠檬、薄荷

有浓郁香味的橙子皮和
柠檬的酸味是最好的搭配。
这款饮品和巧克力蛋糕非常搭。

Pomegranate, Kiwi & Thyme

Orange peel, Lemon & Mint

Pineapple, Blueberry & Rosemary

<材料 480mL 的分量>
橙子(皮) ————1 个
柠檬(纵向切块) ————1/2 个
薄荷————5 片
冰块————5 块
水 ————350mL

菠萝、蓝莓、
迷迭香

看着就很可爱的彩色组合。
用味道很容易溶出的菠萝进行制作的话,
可以立即饮用。

<材料 400mL 的分量>
菠萝(切圆片后对半切开)
————1/6 个
蓝莓————2 大匙
迷迭香————1 根
冰块————5 个
水 ————350mL

西瓜、黄瓜、柠檬、芝麻菜

超级清爽的甜味带来夏日的风情。
西瓜切得大块一点儿看起来就很凉爽。

＜材料 1L的分量＞
西瓜（带皮切成三角形）————1/8个
黄瓜（纵向切成薄片）————1根
柠檬（切片或者纵向切块）————1个
芝麻菜————4根
冰块————5个
水 ————800mL

Watermelon, Cucumber,
Lemon & Rocket

葡萄柚、
葡萄、罗勒

葡萄柚和罗勒可以使人放松。带着甜味的葡萄喝起来更可口。

西瓜、西梅、
意大利欧芹

西瓜和西梅放在一起有一种特别的甜味。欧芹的苦味是重中之重。

Grapefruit,
Grape & Basil

Watermelon, Prune &
Italian parsley

＜材料 1L 的分量＞
葡萄柚(切圆片) -----1/2个
葡萄(对半切开) -----5颗
罗勒-----5片
冰块-----5个
水-----700mL

＜材料 1L 的分量＞
西瓜(切块) -----1/10个
西梅(干品) -----3个
意大利欧芹-----2根
冰块-----5个
水-----700mL

蓝莓、苹果醋、迷迭香

苹果醋可以让疲惫的身体恢复活力。
太阳下尽情地玩耍后特别需要这样一杯饮品。

＜材料 480mL 的分量＞
蓝莓————3大匙
苹果醋————2大匙
迷迭香————2根
冰块————5个
水————400mL

Blueberry, Apple Vinegar &
Rosemary

橙子、猕猴桃、
角瓜、芹菜

柑橘类的水果组合在一起，
再配上有着特殊风味的芹菜，是非常美味的。

〈材料 1L 的分量〉
橙子(切圆片) ----1/2个
猕猴桃(切圆片) ----1个
角瓜(切圆片) ----1/3根
芹菜----1/2根
冰块----5个
水----800mL

菠萝、
草莓、薄荷

菠萝和薄荷可以让口气清新！
最适合在食用了有强烈味道的食物后饮用。

〈材料 1L 的分量〉
菠萝(切圆片) ----1/8个
草莓(纵向对半切开) ----4个
薄荷----8片
冰块----5个
水----900mL

Pineapple, Strawberry & Mint

Orange, Kiwi,
Zucchini & Celery

柠檬（皮）、蓝莓、柠檬草

柠檬皮配上柠檬草，散发出非常不一样的味道！仿佛置身异域！

<材料 200mL 的分量>
柠檬（皮）——1个
蓝莓——2大匙
柠檬草——3根
冰块——3个
水——170mL

西瓜、无花果、白兰瓜

口感较软的水果好像会在口中融化一样！用粗一点儿的吸管饮用，像是在品尝甜品一样。

<材料 400mL 的分量>
西瓜（切块）——1/10个
无花果（对半切开）——1/2个
白兰瓜（切块）——1/8个
冰块——5个
水——300mL

青柠、车厘子、猕猴桃、鼠尾草

可以稳定情绪，放松神经。加入葡萄酒的话，即使放一整晚也会非常好喝。

<材料 200mL 的分量>
青柠（切圆片）——1/3个
车厘子（对半切开）——5个
猕猴桃（切圆片）——1/2个
鼠尾草——5片
冰块——3个
水——150mL

Watermelon, Fig & Melon

Lemon peel,
Blueberry & Lemongrass

Lime, Cherry,
Kiwi & Sage

Go Outside!

带着罐罐们出发吧!

在天气晴朗的日子，带着罐罐们到户外玩耍吧!
罐子里装上饮品或者餐点，拧紧瓶盖就可以带到外面，
是完全不用担心食物漏出来的超级装备。
根据装入的方法不同，表现出来的样子也大不一样。

Go Outside!

Jar Salad

梅森罐沙拉

比看起来分量更足。
所以可以和大家一起分享食用哦!

＜材料 480mL 的分量＞
沙拉汁————1 大匙
萝卜(切丝) ————2 大匙
胡萝卜(切丝) ————2 大匙
西兰花(焯水) ————1/8 个
藜麦(泡软) ———2 大匙
葡萄柚(剥皮) ————1/6 个
玉米笋————2 根
生菜叶————适量

＜制作方法＞
在梅森罐中倒入沙拉汁,接着依次放入
萝卜、胡萝卜、西兰花、藜麦、葡萄柚、
玉米笋、生菜叶。装满梅森罐。

● 制作的要点就是要将生菜叶塞得满满
的。这样放入冰箱的冷藏室,大约可
以存放1周。

梅森罐甜点

如果使用梅森罐制作的话,那么推荐操作简单的英式甜点Trifle。
使用市售的海绵蛋糕可以迅速完成。

＜材料 200mL 的分量 ×2 份＞
鲜奶油————200mL
海绵蛋糕————适量
果酱或巧克力酱————适量

＜制作方法＞
1. 在梅森罐中依次放入鲜奶
   油、海绵蛋糕、果酱或巧
   克力酱。
2. 重复步骤1,直到将梅森罐
   装满。

Jar Sweets

梅森罐午餐 罗勒叶鸡肉炒饭

就算只是米饭，装在梅森罐里也非常漂亮。

<材料 1L的分量>
色拉油————1大匙
辣椒(去籽切小段)————1个
大蒜(切末)————1瓣
鸡肉馅————250g
水————100mL
甜青椒(切条)————1个
干辣椒(切丝)————1/2个
洋葱(切薄片)————1/2个
甜罗勒叶————10片
米饭————3人份
鸡蛋(煎蛋)————3个
香菜————适量
A（混合酱汁）
鱼露————1大匙
蚝油————1大匙
砂糖————1大匙
酱油————1大匙

<制作方法>
1. 在平底锅中倒入色拉油，然后加入辣椒和大蒜，用中火煸香。
2. 加入鸡肉馅后立即加水。
3. 不要关火，然后加入酱汁A，加入青椒、干辣椒、洋葱，然后加盖煮。
4. 等步骤3的汁水收干后，加入罗勒叶。
5. 在梅森罐中加入1杯分量的米饭，然后放入1/3的炒鸡肉，接着放入煎蛋。其余两份也按照同样的方法分装，最后用香菜装饰。

Mug Of Love

Coming Back For Seconds!

Baby's 1St Drink!

Cool & Refreshing!

Go Outside!
拿上梅森罐，
我们出发吧!

Day @The Beach

Everybody's Happy!

Yummy...♡

Gone Surfin'

Home Made Bread

Bow Wow! Wow!

不管是什么装进去，都会变得又可爱又漂亮，这就是梅森罐的魅力所在。

梅森罐可以重复利用，也能减少对我们的地球环境产生的负担，还能节省一些家用。即使你对调味没有经验，炒菜和切菜的手法也不怎么熟练，但是在梅森罐料理制作完成后，也一定会不假思索地想带出去显摆一下吧。这样有助于与人交往的小物，至今为止也没有遇见过吧。

梅森罐看起来很漂亮，性能也是一流的。由于密封性好，所以能保持食物的新鲜，蔬菜即使放了一个星期也能保持爽脆。不论是小婴儿的辅食还是小孩子的小点心，即使是妈妈们的午餐，只要有梅森罐，不管在哪儿都能吃到美味的餐点。从此以后的出行，有了梅森罐的加入，就变得既方便又时尚。

It's a Tailgate Party!

Today's Menu. Delicious!

Lunch is Server!

It's Detox Time!

43

Part 3
超级食品的
排毒水

所谓超级食品，就是那些营养价值高，有益健康的食品。
其中有不太被人所知的食材，也有常见的食材。
本书中，使用的是以含有较多特定营养成分的食物为中心的食材制作排毒水。

枸杞子、西梅干、香菜

有滋养、强健体魄和促进血液流动的作用，
最适合打不起精神、为自己充电时饮用。

Goji berry, Prune & Coriander

枸杞子、橙子（皮）、紫苏

有稳定血糖、抗炎的功效。有着浓郁紫苏味道的组合。

Goji berry, Orange Peel & Shiso

＜材料 480mL 的分量＞
枸杞子————2大匙
西梅干————4个
香菜————3根
冰块————5块
水————380mL

＜材料 480mL 的分量＞
枸杞子————2大匙
橙子（皮）————1个
紫苏叶————4片
冰块————5块
水————380mL

Goji berry

枸杞子

以枸杞子之名被人熟知的小浆果，在中国的西北地区以长寿之树的果实而闻名。富含维生素、矿物质、蛋白质。有缓解疲劳、稳定神经和抗衰老的功效。市面上买到的都是干燥过的，经常用于制作甜品和沙拉。

Goji berry, Blueberry & Lemon

枸杞子、
蓝莓、
柠檬

恰到好处的酸甜滋味，令人欲罢不能的风味，
喝光后剩下的枸杞子
还可以放入白葡萄酒中腌渍。

＜材料 400mL的分量＞
枸杞子-----2大匙
蓝莓-----2大匙
柠檬(切片)-----1/2个
冰块-----5块
水-----350mL

Superfood Detox Water

金色姑娘果、
苹果、苹果醋

酸甜的金色姑娘果和苹果醋搭配在一起
可以瞬间唤醒身体里的能量。

<材料 500mL 的分量>
金色姑娘果————1大匙
苹果(切块) ————1/4个
苹果醋————2大匙
冰块————5块
水————400mL

金色姑娘果、
蓝莓、
综合浆果、
欧芹

使用多多的浆果，有着浓郁的味道。
后味中欧芹的味道很突出。

Golden berry,
Apple & Apple Vinegar

Golden berry, Blueberry,
Mixed berry & Italian Parsle

<材料 500mL 的分量>
金色姑娘果————1大匙
蓝莓————1大匙
综合浆果————1大匙
欧芹————1根
冰块————5块
水————450mL

金色姑娘果

富含维生素A的食用酸浆果。不仅仅是美味，还有抑制活
性氧，预防动脉硬化和心肌梗死的作用。同时也含有较多
的胡萝卜素、铁质和B族维生素的肌醇，同时能强化肝功能，
可以促进体内废物与毒素的排出。

Golden berry

Maqui berry

马奇果

产于智利南部，只在巴塔哥尼亚地区
有的野生的马奇果，是一种超级水果。
由于含有丰富的花青素，所以抗氧化活
性非常高。富含维生素C和钙质、铁质，
因此对于女性抗衰老有很好的效果。
市面上销售的一般都是水果粉。

Maqui berry,
Yogurt & Honey

马奇果、
酸奶、
蜂蜜

尝试和以往不同的搭配，
加入酸奶后比较像印度的lassi。

马奇果、
菠萝、
罗勒叶

清甜的马奇果与菠萝
最为搭配。而罗勒的味道
更能衬托出水果的香味。

Maqui berry, Pineapple & Basil

＜材料 200mL 的分量＞
马奇果（粉状）-----1 小匙
菠萝（切片后再对半切开）-----1 片
罗勒叶-----4 片
冰块-----3 块
水-----150mL

＜材料 200mL 的分量＞
马奇果（粉状）-----1 小匙
酸奶-----2 大匙
蜂蜜-----1 小匙
冰块-----3 块
水-----120mL

巴西莓、蓝莓、蜂蜜、酸奶

酸奶与巴西莓最配哦!
蜂蜜又增加了温和的口感和独有的风味。

＜材料　400mL 的分量＞

巴西莓(粉状)————1 大匙

蓝莓————2 大匙

蜂蜜————1 大匙

酸奶(原味)————2 大匙

冰块————5 块

水————300mL

巴西莓、香蕉、草莓

提到巴西莓的话,总觉得和香蕉有着不解之缘。
一起吃掉的话,可以摄入充足的营养。

＜材料　400mL 的分量＞

巴西莓(粉状)————1 大匙

香蕉————1 根

草莓(对半纵切)————4 个

冰块————5 块

水————300mL

Acai, Blueberry, Honey & Yogurt

Acai

Acai, Banana & Strawberry

巴西莓

生长在巴西、亚马孙河流域的超级水果。含有的原花青素是红葡萄酒、蓝莓中的数十倍,铁质是菠菜的 4 倍,钙质是牛奶的 2 倍,是拥有超多营养的超级食材。抗氧化的作用非常强,抗衰老的效果更是出众。市面上销售的一般是粉状或果泥。

Chia seed, Watermelon & Cucumber

Chia seed

Chia seed, Kiwi & Italian Parsley

奇亚籽

奇亚籽是唇形科鼠尾草属中薄荷的一种——奇亚的种子。虽然是特别小的种子，但是吸水后能膨胀到10倍左右的大小，看起来比较像果冻的样子。加入到饮品中，会在肚子里膨胀而使人产生饱腹感，所以最适合用来减肥。由于含有丰富的α-亚麻酸，同时也有活化大脑的作用。

奇亚籽、西瓜、黄瓜

最适合用来消除便秘的组合。
由于有利尿的作用，所以排毒效果更棒。

＜材料 1L的分量＞
奇亚籽————1大匙
西瓜（带皮切成三角形）————1/8个
黄瓜（纵向切成薄片）————1根
冰块————8块
水————800mL

奇亚籽、猕猴桃、欧芹

可以降低胆固醇的奇亚籽配上含有丰富膳食纤维的猕猴桃，可以清除身体中的废物。

＜材料 1L的分量＞
奇亚籽————1大匙
猕猴桃（切片）————1个
欧芹————2根
冰块————8个
水————800mL

螺旋藻、
昆布、咸梅干

少量的螺旋藻就有显著的作用！
海藻类和咸梅干会带来微咸的味道。

＜材料 500mL 的分量＞
螺旋藻－－－－1/4 小匙
昆布(10cm) －－－－1 片
咸梅干－－－－1 个
冰块－－－－5 块
水－－－－450mL

Spirulina, Konbu &
Umeboshi

螺旋藻

产生于 30 亿年前的最古老的植物（藻类的一种）——螺旋藻是最神秘的超级食物。螺旋藻拥有惊人的营养成分，β－胡萝卜素的含量是胡萝卜的 20 倍、铁质的含量为胡萝卜的 450 倍。一般市面上销售的是粉状的，由于比较耐热，现在慢慢地也应用在思慕雪和饮品以外的烹饪中。

Spirulina

螺旋藻、
苹果、青柠

苹果和青柠带来了满满的清爽感觉，
清爽的风味让人仿佛置身于凉爽的海岸

＜材料 500mL 的分量＞
螺旋藻－－－－1/4 小匙
苹果(切块) －－－－1/4 个
青柠(切块) －－－－1/2 个
冰块－－－－5 块
水－－－－400mL

Spirulina, Apple &
Lime

西兰花的超级胚芽
（西兰花芽）

西兰花种子萌芽后仅仅3天的超级胚芽，含有的被称为排毒之王的萝卜硫素是西兰花的20倍。可以提升肝脏的解毒能力，促进人体的新陈代谢。同时也有抗氧化的作用，美肤和抗衰老的效果值得期待。

西兰花芽
（超级胚芽）、
菠萝、柠檬

可以和任何味道搭配在一起的超级胚芽，配上菠萝后，更加顺口！

＜材料 480mL 的分量＞
西兰花芽（超级胚芽）————20g
菠萝（切圆片后对半切开）————1/8 个
柠檬（切圆片）————1/4 个
冰块————5 个
水————400mL

西兰花芽
（超级胚芽）、
西兰花、柠檬

没有什么特别的味道，但不是喝光水就结束了哦，还可以将剩下的食材制成沙拉哦！

＜材料 800mL 的分量＞
西兰花芽（超级胚芽）————20g
西兰花（洗净后分成小朵）————3 朵
柠檬（纵向切圆片）————1 个
冰块————8 个
水————700mL

Broccoli Super Sprout, Pineapple & Lemon

Broccoli Super Sprout, Broccoli & Lemon

Broccoli Super Sprout

怎么处理？剩下的水果有效利用！

我们用各种各样的水果制作排毒水。

享用美味之后，剩在罐底的水果怎样处理呢？

当然，可以就直接吃掉。

但是泡过水的水果味道还是要差一些。

这样的话，还不如稍稍下点儿功夫，就能获得更多的美味了！

让剩下的水果变得美味的方法

首先要按照浆果类、柑橘类、不溶于水类将食材分开。

将没办法保持原来形态的软软的浆果类制成果酱。

带皮泡入排毒水的柑橘类可以将皮剥掉，制成果冻。

石榴和蓝莓、薄荷等不会被泡变形的食材可以放入冰盒，制成水果冰。

Jam

Jello

Ice

果酱

在浆果中加入砂糖熬煮，就可以得到美味的果酱。不论是涂在面包上还是搭配冰激凌和酸奶都是很好的选择。放在梅森罐中，更容易保存。

＜制作方法＞
每100g浆果使用2大匙砂糖进行熬煮。

果冻

柑橘类水果加上明胶就可以制作出果冻。如果想稍微甜一些，可以加入一些蜂蜜。装入小罐中，凝固后稍稍装饰一下，可以作为漂亮的礼物。

＜制作方法＞
水果加上水果榨出的汁共250mL，里面加入5g泡好的明胶片，凝固即可。

水果冰

像石榴和蓝莓这种不容易溶在水中的水果，可以放入冰盒中，制成水果冰。放在杯子里，导入一些水或者苏打水，也能变成散发着淡淡香气的排毒水。

＜制作方法＞
将水果放入冰盒，倒入水，冻住。

来制作创意饮品吧!

剩余食材的有效利用!

使用用剩余的食材制作出的果酱、果冻、水果冰来
制作新款排毒水吧!

<材料 480mL 的分量>
果酱————1大匙
果冻————3大匙
水果冰————10块
水————370mL

Jam, Jello & Ice in Drink

Part 4 夏威夷风 排毒水

椰汁

鲜嫩的椰子中含有透明的液体，我们称之为椰子汁或椰汁。椰汁中含有的很多的电解质和矿物质，营养丰富却热量很低。渗透压和人体体液基本相同。在战争时期也被用作点滴的替代品，被称为生命之水。

椰汁、杧果、青柠

大家聚在一起的时候，在水中放入很多的水果，制成豪华款椰汁排毒水!

＜材料 8L 的分量＞
椰汁 —————5L
杧果（纵向切块，不去核）—————2 个
青柠（切圆片）—————2 个
冰块 —————20 个
水 —————2L

Coconut Water, Mango & Lime

Coconut Water

在夏威夷的水果超市中，很多年前就有卖排毒水的了。
在长长的塑料瓶子中放入水果和香草就卖4美元，算是相当贵了。
但是在健康和美容意识比较高的人群和运动员中依旧非常有人气，基本在傍晚时分就卖光了。
其中又以椰汁和杜果茶等的衍生款最为流行。
这一部分会介绍让你仿佛置身夏威夷的夏威夷风排毒水。

椰汁、
青柠、迷迭香

在感到十分疲惫或者身体缺水的时候，就来饮用这款排
毒水吧。可以促进新陈代谢，排毒效果显著。

椰汁、
杜果、柠檬

对于不喜欢喝椰汁的人，
推荐在排毒水中加入香气浓烈、
甜味容易溶出的杜果。

*Coconut Water,
Lime & Rosemary*

*Coconut Water, Pineapple &
Papaya*

<材料 480mL 的分量>
椰汁————400mL
杜果(纵向切块) ————1/2个
柠檬(切圆片) ————1/2个
冰块————5个

<材料 200mL 的分量>
椰汁————180mL
青柠(切圆片) ————1/2个
迷迭香————1根
冰块————3个

*Coconut Water,
Mango & Lemon*

<材料 480mL 的分量>
椰汁————400mL
菠萝(切圆片后对半切开)
————1/8个
木瓜(纵向切块) ————1/4个
冰块————5个

椰汁、
菠萝、木瓜

椰子中含有丰富的钾，可以消除腹胀。
全部使用具有夏威夷感觉的水果，打造一款热带风情的饮品。

火龙果

粉色的果皮像是龙鳞的样子。切开后，里面好像芝麻一样的种子就显露出来了。味道不会过甜，酸味也比较少的清爽派水果。由于含有很多可以促进钠排出的钾和叶酸，所以非常适合高血压者、容易贫血的人和孕妇食用。

火龙果、
西瓜、黄瓜

让人感受到夏季来临的清凉组合。
可以促进人体排出多余的钠，使体内保持清洁。

＜材料 200mL的分量＞
火龙果（纵向切块）－－－－1/4个
西瓜（切块）－－－－1/10个
黄瓜（纵向切薄片）－－－－1/3根
冰块－－－－3个
水－－－－100mL

火龙果、
蓝莓、柠檬

虽然切成大块，看着显得很豪气，
但是味道却非常柔和。

＜材料 200mL的分量＞
火龙果（纵向切块）－－－－1/4个
蓝莓－－－－1大匙
柠檬（切圆片）－－－－1/4个
冰块－－－－3个
水－－－－150mL

Dragon fruit,
Watermelon &
Cucumber

Dragon fruit,
Blueberry & Lemon

火龙果、黄瓜、猕猴桃

味道清淡不会影响其他食材味道的火龙果和猕猴桃搭配在一起，有着看起来一样的种子，放在一起十分有趣。

＜材料 480mL 的分量＞
火龙果（纵向切块）————1/2个
黄瓜（切圆片）————1/4根
猕猴桃（切圆片）————1个
冰块————5个
水————350mL

Dragon fruit,
Cucumber & Kiwi

昆布茶

在美国，昆布茶在有着保健意识的人群中成了话题，而且在夏威夷还开了专门的茶吧销售非常有人气的昆布茶。超市中也有卖用塑料瓶装好的昆布茶。虽然叫作昆布茶，但是其实并没有放入昆布（类似海带）。其实就是在日本也流行过的红茶菌。这里使用绿茶和醋来重现红茶菌的味道。

昆布茶

在很淡的绿茶中加入2大匙苹果醋混合而成。

昆布茶、黄瓜、腌梅干

昆布茶的酸味和腌梅干的咸味放在一起，尝起来是非常有东方风情的味道。推荐没有食欲的时候饮用。

＜材料 500mL的分量＞
昆布茶 ----250mL
黄瓜（纵向切薄片） ----1／2根
腌梅干 ----1个
冰块 ----5个
苏打水（饮用时加入） ----200mL

Konbucha, Cucumber & Umeboshi

昆布茶、
青柠、蘘荷

可以调整新陈代谢，
为人体补充维生素和矿物质。
可以大口喝掉，
吃饭时饮用也非常不错。

昆布茶、西瓜、
意大利欧芹

在淡热的夏日，
咕嘟咕嘟地喝下这款排毒水吧！
具有美白和抗衰老的作用
还能防止口臭。

昆布茶、柠檬、
生姜、蜂蜜

淡淡的甜味非常有人气。
可以缓解疲劳、
让人恢复精神的健康饮品！

＜材料 200mL 的分量＞
昆布茶————150mL
青柠（切圆片）————1/3个
蘘荷（阳荷）（纵向对半切开）————1个
冰块————3个

Konbucha, Lemon,
Ginger & Honey

Konbucha,
Lime & Myouga

Konbucha, Watermelon &
Italian Parsley

＜材料 200mL 的分量＞
昆布茶————150mL
柠檬（切圆片）————1/2个
生姜（薄片）————2片
蜂蜜————1小匙
冰块————3个

＜材料 500mL 的分量＞
昆布茶————300mL
西瓜（去皮后切成三角块）
————1/10个
意大利欧芹————2根
冰块————5个

Konbucha

羽衣甘蓝

在日本是一种特别有名的青汁素，是一种叶子很大很硬的植物。β−胡萝卜素、维生素就不用说了，还含有促进睡眠的褪黑激素和对眼睛很好的芦丁。营养价值非常高，在夏威夷经常用来制作思慕雪和排毒水。另外还有一种叶子比较柔软的羽衣甘蓝可以用来制作沙拉。

羽衣甘蓝、菠萝、柠檬

将羽衣甘蓝捣碎、让水溶成分可以好好地溶解在水中。舍有丰富的钙和铁，能很好地补充营养供给，还有防止衰老的功效。

<材料 1L 的分量>
羽衣甘蓝（切成3cm块状）————1/2 片
菠萝（切圆片后对半切开）————1/8 个
柠檬（切圆片）————1 个
冰块————10 个
水————900mL

Kale, Pineapple & Lemon

Kale

〈材料　500mL 的分量〉
羽衣甘蓝（用手撕碎）————1/3 片
木瓜（纵向切块）————1/2 个
青柠（切圆片）————1/2 个
冰块————5 个
水————400mL

Kale, Mango & Orange

羽衣甘蓝、
杧果、
橙子

水果的香甜气息，
让人放松。
在上床之前1小时饮用，
会让睡眠更好。

羽衣甘蓝、
木瓜、
青柠

木瓜的甜味与青柠
的酸味搭配在一起，
比青汁更诱人。

〈材料　450mL 的分量〉
羽衣甘蓝（用手撕碎）————1/3 片
杧果（纵向切块）————1/2 个
橙子（切圆片）————1/4 个
冰块————5 个
水————350mL

Kale, Papaya & Lime

杏仁露

有超强美肤和抗氧化的超人气功效的杏仁露。在夏威夷，很久以前就有怕被晒黑的女性饮用杏仁露。比豆浆更容易被接受。丰富的不溶性膳食纤维还可以缓解便秘。

杏仁露、杜果、薄荷

含有丰富的维生素E的杏仁露配上杜果和薄荷，美肤效果up！

〈材料　400mL 的分量〉
杏仁露————350mL
杜果(纵向切块)————1/2 个
薄荷————5 片
冰块————5 个

Almond Milk, Mango & Mint

杏仁露、可可粉、草莓

可可粉的最佳搭配。
巧克力风味的低热量饮品。

〈材料　480mL 的分量〉
杏仁露————400mL
可可粉(用温水溶解后加入)————1 小匙
草莓(纵向对半切开)————4 个
冰块————5 个

Almond Milk, Cacao & Strawberry

Almond Milk, Honey & Vanilla Beans

〈材料　480mL 的分量〉
杏仁露————450mL
蜂蜜————1 大匙
香草籽————1 根
冰块————5 个

杏仁露、蜂蜜、香草籽

浓稠又带着淡淡的甜蜜。
即使喝牛奶会肠胃不适的人也可以饮用。

杏仁露、
综合浆果、薄荷

营养丰富又健康。
就像孩子们都很喜欢的草莓奶昔!

<材料 480mL 的分量>
杏仁露————400mL
综合浆果（冻品）————3大匙
薄荷————8片
冰块————5个

Almond Milk,
Mixed berry & Mint

Almond Milk

JAR DE KANTAN DETOX WATER
by Cerica Fujisawa
Copyright ⓒ 2015 Cerica Fujisawa
All rights reserved.
Originally published in Japan by KAWADE SHOBO SHINSHA LTD. PUBLISHER
Chinese translation rights in simplified characters arranged with
KAWADE SHOBO SHINSHA LTD. PUBLISHERS
through Japan UNI Agency, Inc., Tokyo

ⓒ2016,简体中文版权归辽宁科学技术出版社所有。
本书由株式会社河出书房新社在中国大陆出版中文简体字版本。著作权合
记号：06-2016第49号。

Staff

照片	筱田琢 (SouthPoint)	摄影协助
图书设计	GRiD (釜内由纪江、五十岚奈央子)	SOUTHERLY
策划·编辑·形象	SouthPoint	http://www.southerly.co.jp/
		coco aloha (P39 篮子)
特别鸣谢	Kevin Parrington (Wordsmith)	http://hawaiian-stencil.com/
	筱田Rei	Kai Makana Aloha (P38 holoholo
	小椋真明	http://holoholobag.com/
	多绘 (Surfer)	
	宫手未树 (Model)	
	小山瑠	
	Toro (Dog)	
	And Tatado Local Mamas & Babies!	

图书在版编目（CIP）数据

梅森罐排毒水 / (日) 藤泽丝莉卡著；邢俊杰译. — 沈阳：辽宁科
学技术出版社, 2016.8（2018.5重印）
ISBN 978-7-5381-9854-6

Ⅰ.①梅… Ⅱ.①藤… ②邢… Ⅲ.①蔬菜—食谱②水果—食谱 Ⅳ.
①TS972.123

中国版本图书馆CIP数据核字(2016)第151072号

出版发行：辽宁科学技术出版社
　　　　　（地址：沈阳市和平区十一纬路25号 邮编：110003）
印　刷　者：辽宁新华印务有限公司
经　销　者：各地新华书店
幅面尺寸：168 mm×230 mm
印　　张：4
字　　数：60千字
出版时间：2016年8月第1版
印刷时间：2018年5月第4次印刷
责任编辑：殷　倩　张丹婷
封面设计：张　珩
版式设计：袁　舒
责任校对：尹　昭

书　　号：ISBN 978-7-5381-9854-6
定　　价：19.80元
邮购热线：024-23284502
编辑电话：024-23280272
E-mail:1780820750@qq.com